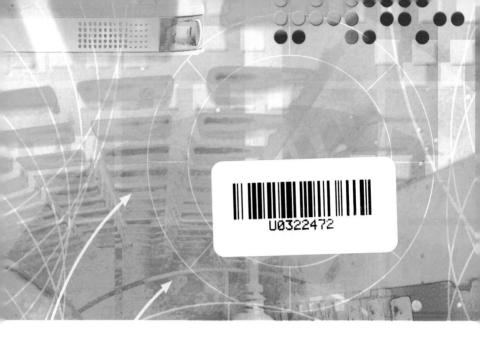

数据馆员的 Spark
简明手册

>>> 顾立平 马景源 编著

科学技术文献出版社
SCIENTIFIC AND TECHNICAL DOCUMENTATION PRESS

·北京·

图书在版编目（CIP）数据

数据馆员的Spark简明手册 / 顾立平, 马景源编著. —北京：科学技术文献出版社，2017. 10（2018.7重印）

ISBN 978-7-5189-3015-9

Ⅰ.①数… Ⅱ.①顾… ②马… Ⅲ.①数据处理软件—技术手册 Ⅳ.① TP274-62

中国版本图书馆 CIP 数据核字（2017）第 161353 号

数据馆员的Spark简明手册

策划编辑：崔灵菲　责任编辑：崔灵菲　责任校对：张吲哚　责任出版：张志平

出　版　者　科学技术文献出版社
地　　　址　北京市复兴路15号　邮编100038
编　务　部　（010）58882938，58882087（传真）
发　行　部　（010）58882868，58882874（传真）
邮　购　部　（010）58882873
官　方　网　址　www.stdp.com.cn
发　行　者　科学技术文献出版社发行　全国各地新华书店经销
印　刷　者　北京虎彩文化传播有限公司
版　　　次　2017 年 10 月第 1 版　2018 年 7 月第 3 次印刷
开　　　本　850×1168　1/32
字　　　数　46千
印　　　张　2.875
书　　　号　ISBN 978-7-5189-3015-9
定　　　价　28.00元

Preface >>>>>>>>> **前　言**

　　本手册旨在协助初级数据馆员们能够迅速了解 Spark 方面的知识、用途及整体概貌，作为进一步实践操作之前的入门基础读物。

　　数据馆员是能够充分实现开放科学政策、措施、服务的一群新型信息管理人员，他们熟悉数据处理、数据分析、数据权益、数据政策，且具有知识产权与开放获取的知识和经验。

　　Spark 是由美国加州大学伯克利分校（UC Berkeley）开源的计算框架，其特点是能够将任务的中间结果保存在内存中，不进行读写磁盘的操作，因而能够实现更快的处理。它在解决复杂线性代数、某些优化问题、迭代计算、机器学习等方面具有较强优势。作为一种适合实时计算的方案，Spark是进行大数据分析的一种有力工具。

　　本手册力求简单、通俗、易懂，以读者能够快速把握重点为主，从而开展项目、课题、实验和研究。本手册旨在知识模块化，有了整体概述，可以方便读者与其他解决方案进行比较，在实践中遇到问题可以尽快发现需要深入钻研的部分。

本手册包括 8 章。第 1 章概述 Spark 的发展背景、计算框架及机器学习等。第 2 章描述 Spark 的安装与运行。第 3 章概述 Scala 编程实现的方式。第 4 章概述 Spark 编程模型和解析。第 5 章进入到 Spark 数据挖掘的应用。第 6 章考虑大数据实时计算的问题，进行方案比较，突出 Spark 的特点。第 7 章阐明进一步优化 Spark 的方式。第 8 章概述 Spark SQL 来阐明如何在 Spark 上使用人们比较熟悉的 SQL 数据库语言的方式。

在掌握全部知识点的基础上，通过搭建、测试、运行、试验之后，读者可以逐步参照其他已有的案例经验和 Spark 深入源码的著作进行进一步的探索应用。

编著者

2017 年初春于中关村

Contents
>>>>>>>>> **目 录**

>>>>>> 第 1 章

Spark 生态介绍

1.1 MapReduce、Storm 和 Spark 模型比较

MapReduce 是 Google 于 2004 年提出的能并发处理海量数据的并行编程模型。对大规模数据进行处理时，单个计算机的计算能力显得越来越吃力，而分布式计算对于程序开发人员又过于复杂，此时 MapReduce 应运而生，它的出现使得并不了解分布式计算底层细节的开发人员能够开发分布式程序。

MapReduce 模型将处理过程分为两步，即"Map"和"Reduce"两部分。简单地说，Map 部分将任务分块分布执行，再由 Reduce 部分将各个分块的结果进行归约、汇总。总体的框架如图 1–1 所示。

Storm 是于 2011 年由 BackType 开发并被 Twitter 开源的分布式实时流数据计算系统，它能够使用简单的方式可靠地处理无界持续的流数据，可用来实时处理新数据和更新数据库，兼具容错性和扩展性。Storm 集群的输入流由名

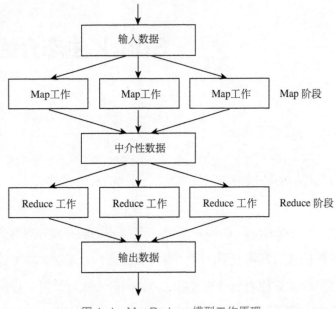

图 1-1 MapReduce 模型工作原理

为 Spout 的组件负责。Spout 将数据传递给名为 Bolt 的组件，后者将以指定的方式处理这些数据，如持久化或者处理并转发给另外的 Bolt。由这些组成一个 Topology，通过这个 Topology 可以实现大多数的需求。

Spark 是美国加州大学伯克利分校 AMP 实验室开发的集群计算平台，是一个基于内存计算的可扩展的开源集群计算系统。针对 MapReduce 的不足，即大量的网络传输和磁盘 I/O 使得效率低下，Spark 使用内存进行数据计算以便快速处理查询，实时返回分析结果。

三者比较如下。

MapReduce 属于批量处理系统。这种系统处理的数据通常以静态的形式存储在硬盘中，很少进行更新，存储时间长，且这些数据精确度较高，但是价值密度较低。以上原因导致系统相对适应更加稳定的工作，如电子商务领域对客户购买记录、浏览记录等数据进行分析，预测客户需求，再如对患者病历、生活方式等进行分析，建立更加准确的预测体系等。

Storm 属于流式数据处理系统。流式数据是一个无穷的数据序列，序列中的每一个元素来源各异，格式复杂，序列往往包含时序特性。这类处理系统一般应用于互联网数据采集器、银行系统交易监测器等。

Spark 则属于交互式数据处理系统。在这个系统下，系统与操作人员以人机对话的形式进行数据处理。采用这种方式，存储在系统中的数据文件能够被及时处理，同时处理结果可以立刻被使用。交互式数据处理具备的这些特征能够保证输入的信息得到及时处理，使交互方式继续进行下去。目前分布式数据仓库就属于这类系统的应用。

1.2　Spark 产生背景

21 世纪初，随着计算机和互联网的发展，数据从类型到量上都呈爆炸式增长。人们很快产生了对这些数据进行分析的需求。2004 年 Google 发表了一篇关于 MapReduce 的论文，开创了大数据领域的大量研究。随后 Hadoop 的出现几乎成了数据处理的事实标准。Hadoop 中包含了 MR（MapReduce）的实现，然而还是存在一些即便通过它仍难以解决的问题。

Hadoop 对于数据的基础分析，如计算均值、方差、中值等是可以胜任的，但是对于复杂的分析任务如主成分分析、核回归、SVM、图论计算、积分、优化等分析问题则显得较为吃力。另外，由于 Hadoop 在处理过程中需要在磁盘上进行大量的 I/O 操作，无疑大大降低了处理的效率。同样是由于效率的原因，使得 Hadoop 难以在面对实时数据处理、交互式处理的问题上做出令人满意的表现。

Spark 及其生态圈的出现，能从很大程度上解决上述问题。Spark 是由加州大学伯克利分校开源的计算框架。特点是能够将任务的中间结果保存在内存中，不进行读写磁盘的操作，因而能够实现更快的处理。它在解决复杂线性代数、某些优化问题、迭代计算、机器学习等方面能够完胜 Hadoop。对于图论计算等问题，Spark 也提出了 GraphX 等一系列项目进行解决。另外，Spark 在实时处理方面也表现出强大的功能。

1.3　Spark 的内存计算框架

Spark 的核心概念是 RDD（Resilient Distributed Dataset, 弹性分布式数据集）。在 Spark 中，所有的数据集都被包装成 RDD 进行操作。每次 RDD 操作结束以后都可以存储至内存，下一个操作可以直接从内存中输入。Spark 数据流如图 1–2 所示。

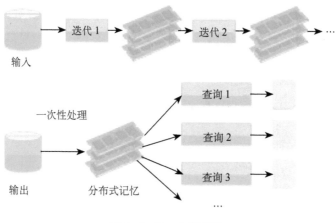

图 1–2　Spark 数据流

由于在内存中进行操作的速度远远大于从磁盘上进行读写的速度，Spark 这种将中间结果保存在内存中的方式与传统的 Hadoop MR 相比，效率上有了巨大的提升。

1.4 Spark Streaming：流式计算框架

Spark Streaming 是建立在 Spark 上的应用框架，属于 Spark 的核心 API，支持高吞吐量、支持容错的实时流数据处理。基于 Spark on YARN 的 Spark Streaming 架构如图 1-3 所示。

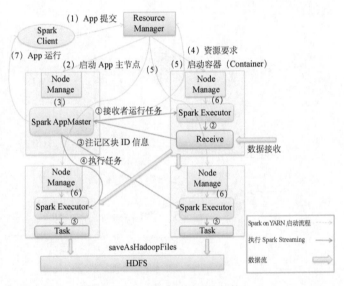

图 1-3　Spark Streaming 架构

Spark Streaming 的计算流程如下：以时间片为单位将数据流进行拆分，然后以类似批处理的方式处理每个时间片的数据，每一块数据都转换成 Spark 的 RDD，然后使用

RDD 处理每一块数据，每一块都会生成一个 Spark Job 处理，最终结果也返回多块。处理流程如图 1-4 所示。

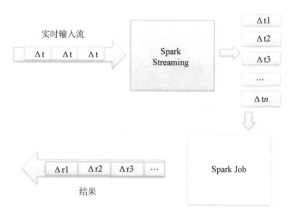

图 1-4　Spark Streaming 处理流程

这种处理方式有较强的容错性，且实时性较好，最小时间片流为 0.5 ～ 2 s，基本能够满足所有准实时性计算场景的要求。

1.5　Spark SQL

Spark SQL 是 支 持 在 Spark 中 使 用 SQL、HiveSQL、Scala 的关系型查询表达式。其核心组件是一个新增的 RDD 类型的 SchemaRDD，它用一个 Schema 来描述行里所有列的数据类型，类似于关系型数据库的一张表。

Spark SQL 的核心是把已有的 RDD 带上 Schema 信息，然后注册成类似 SQL 里的 Table，对其进行 SQL 查询。

1.6　Spark MLlib：机器学习

MLlib 是 Spark 对常用的机器学习算法的实现库，也包括相应的测试和数据生成器。

目前支持的算法有：基本统计、分类与回归、K-means 聚类、主成分分析、奇异值分解、特征值提取及转换等。

1.7　Spark GraphX 和取代 Bagel 的理由

早在 0.5 版本，Spark 就带了一个小型的 Bagel 模块，是 Pregel 在 Spark 上轻量级的实现。当然，这个版本非常原始，性能和功能都比较弱，属于实验型产品。

到 0.8 版本时，鉴于业界对分布式图计算的需求日益见涨，Spark 开始独立一个分支 GraphX-Branch，作为独立的图计算模块，借鉴了 GraphLab，开始设计开发 GraphX。

到 0.9 版本时，官方开始鼓励开发人员使用 GraphX 取代 Bagel。

与 Bagel 相比，GraphX 提供了更加丰富的图计算 API。GraphX 继承了 Spark 中的 RDD，并进行了系统的优化，减少了存储消耗。

1.8　BlinkDB

BlinkDB 同样是由 AMP 实验室推出的一款在海量数据上执行近似查询的新型数据库。它的构建基于 Spark 和 Hadoop。特点是可以指定查询的误差范围和超时限制。即工作人员可以指定在某一限定时间内返回一定误差内的结果，而不用查询整个数据集。

1.9　SparkR

R 是一种用于统计计算与作图的开源软件，有完整的数据处理和统计分析功能，同时也是一种编程语言。它被广泛应用于企业和学术界的数据分析领域，正在成为最通用的统计分析语言之一。但 R 语言只能在一台机器上运行，SparkR 的提出解决了这个问题。

SparkR 是 AMP 实验室发布的 R 上的一个包，提供轻量级的前端来使用 Spark。

SparkR 提供了 Spark 中弹性分布式数据集的 API，用户可以在集群上通过 RShell 交互性地运行 Job。

第 2 章 <<<<<<

Spark 的安装与运行

2.1 Spark 的安装

2.1.1 Spark 的源码编译方式

在配置好了安装环境后，Spark 可以通过 SBT 和 Maven 两种方式进行编译。以下以 1.1.0 版本为例进行介绍。

（1）SBT

Spark 使用 SBT 作为构建工具，所以需要下载并安装 SBT。Spark 源码使用 Git 作为版本控制工具，所以需要下载 Git 的客户端工具并安装。随后，可以从如下地址下载到 Spark 源代码：http://spark.apache.org/downloads.html。

把下载好的 spark-1.1.0.tgz 源代码包使用 SSH Secure File Transfer（Linux 系统传输文件工具）上传到 /home/hadoop/upload 目录下并解压缩。把 spark-1.1.0 改名并移动到 /app/complied 目录下。

随后编译执行如下脚本：

```
$cd /app/complied/spark-1.1.0-sbt

$sbt/sbt assembly -Pyarn -Phadoop-2.2 -Pspark-ganglia-lgpl
-Pkinesis-asl -Phive
```

编译过程必须保持联网状态以保证从网络上下载依赖包，最终结果如图 2–1 所示。

```
[warn] Merging 'parquet/schema/Type.class' with strategy 'first'
[warn] Merging 'parquet/schema/TypeConverter.class' with strategy 'first'
[warn] Merging 'parquet/schema/TypeVisitor.class' with strategy 'first'
[warn] Merging 'plugin.properties' with strategy 'first'
[warn] Merging 'plugin.xml' with strategy 'first'
[warn] Merging 'reference.conf' with strategy 'concat'
[warn] Merging 'rootdoc.txt' with strategy 'first'
[warn] Strategy 'concat' was applied to a file
[warn] Strategy 'discard' was applied to 1722 files
[warn] Strategy 'filterDistinctLines' was applied to 6 files
[warn] Strategy 'first' was applied to 2504 files
[info] SHA-1: 1163013000630f1eb073f4d5fdf422f90fc4627b4
[info] Packaging /app/complied/spark-1.1.0-sbt/assembly/target/scala-2.10/spark-assembly-1.1.0-hadoop1.0.4.jar ...
[info] Done packaging.
[success] Total time: 3082 s, completed Jan 17, 2015 1:35:16 AM
```

图 2–1　SBT 编译结果

（2）Maven

在编译前最好安装 3.0 以上版本的 Maven，在 /etc/profile 配置文件中加入如下设置：

export MAVEN_HOME=/app/apache-maven-3.0.5

export PATH=$PATH:$JAVA_HOME/bin:$MAVEN_HOME/bin:$GIT_HOME/bin

随后下载 Spark 源码并用 SSH 上传至 /home/hadoop/upload 目录，解压缩并移动到 /app/complied 目录下。

编译执行如下脚本：

```
$cd /app/complied/spark-1.1.0-mvn
$export MAVEN_OPTS="-Xmx2g-XX:MaxPermSize=512M-
XX:ReservedCodeCacheSize=512m"
$mvn -Pyarn -Phadoop-2.2 -Pspark-ganglia-lgpl -Pkinesis-asl -Phive
-DskipTests clean package
```

得到如图 2–2 所示结果。

图 2–2　Maven 编译结果

2.1.2　Spark Standalone 安装

在配置好环境，安装好 Spark 后，即可进行 Standalone
模式的部署。

（1）向环境变量添加 SPARK_HOME

export SPARK_HOME=/home/mupeng/Hadoop/spark-1.1.0-
bin-hadoop2.4
export PATH=$SPARK_HOME/bin:$PATH

（2）配置 ./conf/slaves
首先将 slaves.template 拷贝一份：

cp slaves.template slaves

修改 slaves 文件：

A Spark Worker will be started on each of the machines listed below.
spark-master
ubuntu-worker
spark-worker1

（3）配置 ./conf/spark-env.sh
同样将 spark-env.sh.template 拷贝一份：

cp spark-env.sh.template spark-env.sh

在 spark-env.sh 最后加入以下内容：

```
export JAVA_HOME=/home/mupeng/java/jdk1.6.0_35

export SCALA_HOME=/home/mupeng/scala/scala-2.11.6

export SPARK_MASTER_IP=192.168.248.150

export SPARK_WORKER_MEMORY=25g

export MASTER=spark://192.168.248.150:7077
```

以上具体参数意义可参照 http://www.jianshu.com/p/9d96fdc79fcb。

最后将 spark-1.2.1-bin-hadoop2.4 文件夹拷贝到另外两个节点即可。

此时可以通过浏览器访问 http://192.168.248.150:8080 来观察部署情况。

2.1.3 Spark 应用程序部署工具 spark-submit

Spark 提供了一个容易上手的应用程序部署工具 spark-submit，可以完成 Spark 应用程序在 Local、Standalone、YARN、Mesos 上的快捷部署。

在绑定了应用程序以后，可以使用以下脚本来启动应用程序：

```
./bin/spark-submit \

 --class <main-class>

 --master <master-url> \
```

```
--deploy-mode <deploy-mode> \
--conf <key>=<value> \
... # other options
<application-jar> \
[application-arguments]
```

常见的参数及意义可以在如下网址查询：http://spark.apache.org/docs/latest/submitting-applications.html。

2.1.4　Spark 的高可用性部署

关于 HA（High Availability：高可用性部署方式），Spark 提供了两种方案。

（1）基于文件系统的单点恢复（Single-Node Recovery with Local File System）

主要用于开发或测试环境。为 Spark 提供目录保存 Spark Application 和 Worker 的注册信息，并将它们的恢复状态写入该目录中。一旦 Master 发生故障，就可以通过重新启动 Master 进程（sbin/start-master.sh），恢复已运行的 Spark Application 和 Worker 的注册信息。

（2）基于 ZooKeeper 的 Standby Masters（Standby Masters with ZooKeeper）

用于生产模式。其基本原理是通过 ZooKeeper 来选举一个 Master，其他的 Master 处于 Standby 状态。

将 Standalone 集群连接到同一个 ZooKeeper 实例并启动多个 Master，利用 ZooKeeper 提供的选举和状态保存功能，可以使一个 Master 被选举，而其他 Master 处于 Standby 状态。如果现任 Master 死去，另一个 Master 会通过选举产生，并恢复到旧的 Master 状态，然后恢复调度。整个恢复过程可能要 1～2 分钟。

2.2　Spark 的运行架构

2.2.1　基本术语

Application：基于 Spark 的用户程序，包含了一个 Driver Program 和集群中的多个 Executor。

Driver Program：运行 Application 的 main() 函数并且创建 SparkContext，通常用 SparkContext 代表 Driver Program。

Executor：是为某 Application 运行在 Worker Node 上的一个进程，该进程负责运行 Task，并且负责将数据存在内存或者磁盘上。每个 Application 都有各自独立的 Executor。

Cluster Manager：在集群上获取资源的外部服务（如 Standalone、Mesos、YARN）。

Worker Node：集群中任何可以运行 Application 代码的

节点。

Task：具体执行任务，分为 ShuffleMapTsak 和 ResultTask 两种，分别类似于 Hadoop 的 Map 和 Reduce。

Job：包含多个 Task 组成的并行计算，往往由 Spark Action 催生。

Stage：每个 Job 会被拆分很多组 Task，每组任务被称为 Stage，也可称为 TaskSet。

RDD：弹性分布式数据集，是 Spark 的基本计算单元，可以通过一系列算子进行操作（主要有 Transformation 和 Action 操作）。

DAG：有向无环图 (Ditected Acycle Graph)，用于反映各个 RDD 之间的依赖关系。

DAGScheduler：根据 Job 构建基于 Stage 的 DAG，并提交 Stage 给 TaskScheduler。

TaskScheduler：将 TaskSet 提交给 Worker（集群）运行并回报结果。

2.2.2 运行架构

Spark 的运行架构如图 2-3 所示。

① 构建 Spark Application 的运行环境（启动 SparkContext）。

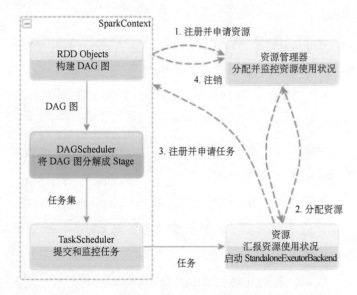

图 2-3　Spark 的运行架构

② SparkContext 向 资 源 管 理 器（可 以 是 Standalone、Mesos、YARN）申请运行 Executor 资源，并启动 Standalone ExecutorBackend，Executor 向 SparkContext 申请 Task。

③ SparkContext 将应用程序代码发放给 Executor。

④ SparkContext 构 建 成 DAG 图， 将 DAG 图 分 解成 Stage， 将 TaskSet 发 送 给 TaskScheduler， 最 后 由 TaskScheduler 将 Task 发放给 Executor 运行。

⑤ Task 在 Executor 上运行，运行完毕释放所有资源。

2.2.3　Spark on Standalone 的运行过程

Spark on Standalone 的运行过程如图 2–4 所示。

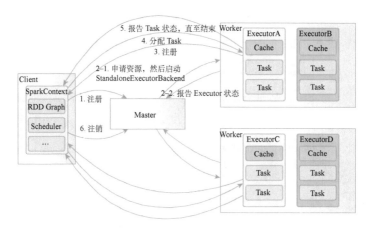

图 2–4　Spark on Standalone 的运行过程

① SparkContext 连接到 Master，向 Master 注册并申请资源（CPU Core 和 Memory）。

② Master 根据 SparkContext 的资源申请要求和 Worker 心跳周期内报告的信息决定在哪个 Worker 上分配资源，然后在该 Worker 上获取资源，启动 StandaloneExecutorBackend。

③ StandaloneExecutorBackend 向 SparkContext 注册。

④ SparkContext 将 Application 代码发送给 Standalone ExecutorBackend；SparkContext 解析 Application 代码，构

建 DAG 图，并提交给 DAGScheduler 分解成 Stage（当碰到 Action 操作时，就会催生 Job。每个 Job 中含有 1 个或多个 Stage，Stage 一般在获取外部数据和 Shuffle 之前产生），然后以 Stage（或者称为 TaskSet）提交给 TaskScheduler，TaskScheduler 负责将 Task 分配到相应的 Worker，最后提交给 StandaloneExecutorBackend 执行。

⑤ StandaloneExecutorBackend 会建立 Executor 线程池，开始执行 Task，并向 SparkContext 报告，直至 Task 完成。

⑥ 所有 Task 完成后，SparkContext 向 Master 注销，释放资源。

2.2.4　Spark on YARN 的运行过程

Spark on YARN 的运行过程如图 2–5 所示。

① 用户通过 bin/spark-submit 或 bin/spark-class 向 YARN 提交 Application。

② Resource Manager（RM）为 Application 分配第一个 Container，并在指定节点的 Container 上启动 SparkContext。

③ SparkContext 向 RM 申请资源以运行 Executor。

④ RM 分配 Container 给 SparkContext，SparkContext 和相关的 Node Manager（NM）通信在获得的 Container 上启动 StandaloneExecutorBackend，StandaloneExecutorBackend 启动后，开始向 SparkContext 注册并申请 Task；SparkContext

分配 Task 给 StandaloneExecutorBackend 执行。

⑤ StandaloneExecutorBackend 执行 Task 并向 SparkContext 汇报运行状况。

⑥ Task 运行完毕，SparkContext 归还资源给 NM，并注销退出。

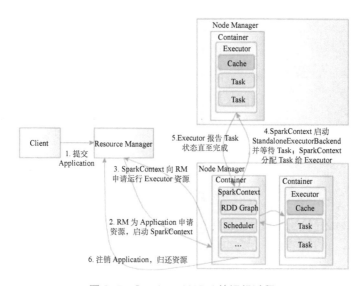

图 2-5　Spark on YARN 的运行过程

2.3　Spark 的运行

2.3.1　Spark on Standalone

在 Standalone 模式下需要先启动 Master，再逐个启动 Worker。

```
./sbin/start-master.sh
```

随后执行：

```
./bin/spark-class org.apache.spark.deploy.worker.Worker spark://
MasterURL:PORT
```

另外，如果有很多 Worker，可以使用 $SPARK_HOME/sbin/start-slaves.sh 来启动多个 Worker。

2.3.2　Spark on YARN

YARN-Cluster 模式下启动 Spark 应用程序。

```
$./bin/spark-submit --class path.to.your.Class --master yarn
--deploy-mode cluster [options] <app jar> [app options]
```

YARN-Client 模式下启动 Spark 应用程序。

```
$ ./bin/spark-shell --master yarn-client
```

2.3.3　Standalone 与 YARN 模式优缺点比较

Standalone 和 YARN 模式的比较如表 2–1 所示。

表 2–1　Standalone 和 YARN 模式的比较

	YARN Cluster	YARN Client	Spark Standalone
Driver 端运行位置	Master 节点	客户端	客户端
请求发起者	Master 节点	Master 节点	客户端
程序启动者	YARN Node Manager	YARN Node Manager	Spark Slave
持续服务提供者	YARN Resource Manager 和 Node Managers	YARN Resource Manager 和 Node Managers	Spark Master 和 Workers
是否支持 Spark Shell	否	是	是

Standalone 的优势在于小巧、简单易布置。对于规模不大的计算，Standalone 由于简单而显得效果很好。如果只是运行 Spark，则这种模式可以提供几乎所有的可用特征。

YARN 则有一些其他优点：YARN 可以人工选择

执行任务的 Executor 个数，而 Standalone 必须启用所有 Executor；YARN 是唯一支持身份验证的部署模式，这保证了它的安全性；在有了 Hadoop 的集群基础之上，YARN 的部署比较容易。

参考文献

[1] Spark 入门实战系列——2.Spark 编译与部署（下）——Spark 编译安装 [EB/OL]. [2016-10-12].http://www.cnblogs.com/shishanyuan/p/4701656. html.

[2] Spark1.2.1 集群环境搭建——Standalone 模式 [EB/OL]. [2016-10-12]. http://my.oschina.net/mup/blog/387619.

[3] Spark1.0.0 运行架构基本概念 [EB/OL]. [2016-10-13].http://blog. csdn.net/book_mmicky/article/details/25714419.

[4] Stack Overflow. Which cluster type should I choose for Spark[EB/OL]. [2016-10-14]. http://stackoverflow.com/questions/28664834/which-cluster-type-should-i-choose-for-spark.

第 3 章

Spark 的 Scala 编程

3.1 Scala 开发环境搭建

首先选择合适的 IDE，以 Scala for Eclipse 为例。下载地址：http://scala-ide.org/download/sdk.html。

选择合适的 Scala 版本并下载，下载地址：http://www.scala-lang.org/。

依次安装 Scala 和 IDE 即可。可以通过 cmd 模式运行"scala-version"进行 Scala 版本及安装情况的检查。

3.2 Scala 开发 Spark 应用程序

以下均以 WordCount 为例，写出最简单的 Spark 应用程序。

```
val conf = new SparkConf().setAppName ("WordCount")
val sc = new SparkContext(conf)        // 读取数据
```

```
val input = sc.textfile(inputFile)            // 切分词项
val words = input.flatMap(line=>line.split(" "))        // 转 换 为
键值对并计数
val counts = words.map(word => (word,1)).reduceByKey{case (x, y)
=> x + y}
counts.saveAsTextFile(outputFile)
```

3.3 编程实现

3.3.1 使用 Java 编程

```
JavaRDD<String> textFile = sc.textFile("hdfs://...");
JavaRDD<String> words = textFile.flatMap(new FlatMap
Function<String, String>() {
    public Iterable<String> call(String s) { return Arrays.asList(s.split
(" ")); }
});
JavaPairRDD<String, Integer> pairs = words.mapToPair(new
PairFunction<String, String, Integer>() {
    public Tuple2<String, Integer> call(String s) { return new
Tuple2<String, Integer>(s, 1); }
});
JavaPairRDD<String, Integer> counts = pairs.reduceByKey(new
Function2<Integer, Integer, Integer>() {
```

```
    public Integer call(Integer a, Integer b) { return a + b; }
});

counts.saveAsTextFile("hdfs://...")
```

3.3.2　使用 Python 编程

```
text_file = sc.textFile("hdfs://...")
counts = text_file.flatMap(lambda line: line.split(" ")) \
        .map(lambda word: (word, 1)) \
        .reduceByKey(lambda a, b: a + b)
counts.saveAsTextFile("hdfs://...")
```

第 4 章 <<<<<<

Spark 的编程模型和解析

4.1 Spark 的编程模型

Spark 最主要的抽象就是弹性分布式数据集（Resilient Distributed Datasets，RDD）及对 RDD 的并行操作（如 map、filter、groupByKey、join）。另外，Spark 还支持两种受限的共享变量：广播变量和累加变量。

4.2 RDD 的特点、操作、依赖关系

RDD 的产生使得在迭代计算时，Spark 的性能相比 Hadoop 有了极大的飞跃，RDD 的特点如下。

① RDD 只能从持久存储或转换操作产生，相比于分布式共享内存（DSM）可以更高效地实现容错，对于丢失部分数据分区只需根据它的血系就可重新计算出来，而不需要做特定的检查点。

② RDD 的不变性，可以实现类 MapReduce 的预测式执行。

③ RDD 的数据分区特性，可以通过数据的本地性来提高性能，这与 MapReduce 是一样的。

④ RDD 是可序列化的，当内存不足时可自动改为磁盘存储，把 RDD 存储于磁盘上，此时性能会有大的下降但不会差于现有的 MapReduce。

RDD 上的并行操作有两种：转换和动作，如表 4–1 和表 4–2 所示。

表 4–1　常见的转换操作

函数名	含义
map (func)	对源 RDD 的每个元素执行 func 函数，得到一个新的 RDD
filter (func)	选择满足条件函数 func 的源 RDD 元素，组成一个新的 RDD
flatMap (func)	与 Map 类似，但是对每个源 RDD 元素可以产生多个新的 RDD 元素
sample (withReplacement, fraction, seed)	根据随机数种子 seed，取 RDD 中的某一部分组成新的 RDD
groupByKey ([numTasks])	根据 key 值，对 < K，V > 形式的 RDD 执行聚集操作，得到新的 RDD
reduceByKey (func, [numTasks])	根据 key 值，先对 < K，V > 形式的 RDD 执行聚集操作，然后对相同的 key 执行规约操作得到一个值，结果是值的 RDD

续表

函数名	含义
sortByKey ([ascending], [numTasks])	根据 key 值排序
join (otherDataset, [numTasks])	对 < K, V1 > RDD 和 < K, V2 > RDD 执行 join 操作, 得到 < K, < V1, V2 > > RDD
union (otherDataset)	对两个 RDD 执行并操作, 即取两个 RDD 共有的元素
distinct ([numTasks])	去除 RDD 的重复元素

表 4-2　常见的动作操作

函数名	含义
reduce (func)	对 RDD 的元素执行规约操作 func, 得到一个值, 要求 RDD 的元素可计算
collect ()	把 RDD 作为数组返回
count ()	返回 RDD 中元素个数
takeSample (withReplacement, num, [seed])	返回 num 个随机 RDD 元素组成的数组
takeOrdered (n, [ordering])	返回排好序的 RDD 的前 n 个元素
saveAsTextFile (path)	把 RDD 元素写到文本文件中, path 既可以是本地文件, 也可以是 HDFS 文件
saveAsObjectFile (path)	把 RDD 元素序列化后写到文件中, path 既可以是本地文件, 也可以是 HDFS 文件
foreach (func)	对每个 RDD 元素执行 func 函数

转换操作会生成新的 RDD，但这个操作是惰性的，只在有动作操作要执行时才会启动执行。

依赖关系是 RDD 间相互关系的描述，详见 4.8 节。

4.3　Spark 应用程序的配置

Spark 主要提供 3 种位置配置系统。

环境变量：用来启动 Spark Worker，可以设置在驱动程序或者 conf/spark-env.sh 脚本中。

Java 系统性能：可以控制内部的配置参数，有以下 2 种设置方法。

①编程的方式（程序中在创建 SparkContext 之前，使用 System.setProperty（"××"，"×××"）语句设置相应系统属性值）。

②在 conf/spark-env.sh 中配置环境变量 SPARK_JAVA_OPTS。

日志配置：通过 log4j.properties 实现。

4.4　Spark 的架构

图 4-1 反映了 Spark 对任务的执行流程，即 Spark 任务执行时的架构：由 SparkContext 启动，将任务传递给

Cluster Manager 节点，再由它分发至 Worker 节点。

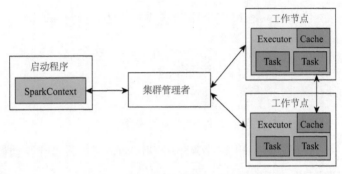

图 4-1　Spark 任务执行时的架构

4.5　Spark 的容错机制

Spark 使用的是记录更新的容错机制。主要的实现方式是 RDD 的 Lineage 机制。其本质上与数据库的粗粒度 Redo Log 相似，主要记录了 RDD 的 Transformation 操作。当某 RDD 分区数据丢失时，它可以通过 Lineage 获取足够的信息来重新运算和恢复丢失的数据分区。

4.6　数据的本地性

数据本地性的意思就是尽量避免数据不必要的传输。在数据量较大时，无论是硬盘的 I/O 或是网络 I/O 都将花费大量资源。数据本地性则要求尽量将计算移到数据所在的节点上进行（移动计算相对于移动数据更快）。

Spark 中的数据本地性有以下 3 种。

① PROCESS_LOCAL 是指读取缓存在本地节点的数据。

② NODE_LOCAL 是指读取本地节点硬盘数据。

③ ANY 是指读取非本地节点数据。

通常读取数据 PROCESS_LOCAL>NODE_LOCAL>ANY，尽量使数据以 PROCESS_LOCAL 或 NODE_LOCAL 方式读取。

4.7　缓存策略介绍

Spark 缓存策略对应的类：

```
class StorageLevel private(
    private var useDisk_ : Boolean,
    private var useMemory_ : Boolean,
    private var useOffHeap_ : Boolean,
    private var deserialized_ : Boolean,
    private var replication_ : Int = 1)
```

```
object StorageLevel {
    val NONE = new StorageLevel(false, false, false, false)
    val DISK_ONLY = new StorageLevel(true, false, false, false)
    val DISK_ONLY_2 = new StorageLevel(true, false, false, false, 2)
    val MEMORY_ONLY = new StorageLevel(false, true, false,
true)
    val MEMORY_ONLY_2 = new StorageLevel(false, true, false,
true, 2)
    val MEMORY_ONLY_SER = new StorageLevel(false, true,
false, false)
    val MEMORY_ONLY_SER_2 = new StorageLevel(false, true,
false, false, 2)
    val MEMORY_AND_DISK = new StorageLevel(true, true,
false, true)
    val MEMORY_AND_DISK_2 = new StorageLevel(true, true,
false, true, 2)
    val MEMORY_AND_DISK_SER = new StorageLevel(true,
true, false, false)
    val MEMORY_AND_DISK_SER_2 = new StorageLevel(true,
true, false, false, 2)
    val OFF_HEAP = new StorageLevel(false, false, true, false)
}
```

Spark 给出了不同的属性来指定不同的缓存方式：是否使用磁盘、是否使用内存、是否进行反序列化（即不进行序列化）、备份数目，依照不同的属性对缓存方式进行了定义。另外，有以下两点需要注意。

① Spark 默认存储策略为 MEMORY_ONLY：只缓存到内存并且以原生方式保存（反序列化）一个副本。

② MEMORY_AND_DISK 存储级别在内存够用时直接保存到内存中，只有当内存不足时，才会存储到磁盘中。

4.8　宽依赖和窄依赖

RDD 之间的依赖关系分为宽依赖和窄依赖两类（图 4–2）。对于窄依赖，子 RDD 的每个分区依赖于常数个父分区，它与数据规模无关。输入输出是一对一的算子，但是其中一种方式的结果 RDD 的分区结构不变，主要是 Map、flatMap。但是如 union、coalesce 结果 RDD 的分区结构会发生变化。对于宽依赖，子 RDD 的每个分区都依赖于所有的父 RDD 分区。

对于两种依赖关系，窄依赖允许在一个集群节点上以流水线的方式计算所有父分区；而宽依赖则需要首先计算好所有父分区数据，然后在节点之间进行 Shuffle。窄依赖能够更有效地进行失效节点的恢复，重新计算丢失 RDD 分

区的父分区，而且不同节点之间可以并行计算；而对于一
个宽依赖关系的 Lineage 图，单个节点失效可能导致这个
RDD 的所有祖先丢失部分分区，因而需要整体重新计算或
做 Checkpoint 工作以减少相应开销。

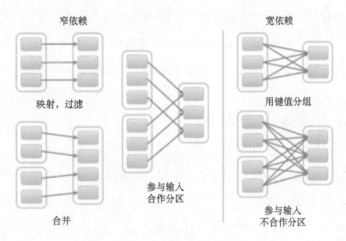

图 4-2　宽依赖和窄依赖

参考文献

[1]　Spark. Cluster mode overview[EB/OL].[2016-10-20]. http://spark.

apache.org/docs/latest/cluster-overview.html.

[2]　Spark 中 的 编 程 模 型 [EB/OL].[2016-10-21].http://blog.csdn.net/

liuwenbo0920/article/details/45243775.

[3]　黎文阳 . 大数据处理模型 Apache Spark 研究 [J]. 现代计算机（专
业版），2015（8）：55-60.

[4]　Spark Configuration（Spark 配置）[EB/OL].[2016-10-22].http://outo
fmemory.cn/spark/configuration.

[5]　浅谈对于 RDD 的认识 [EB/OL].[2016-10-23].http://blog.csdn.net/
hwssg/article/details/38057541.

[6]　RDD 缓 存 策 略 [EB/OL].[2016-10-23].http://www.cnblogs.com/
luogankun/p/3801047.html.

[7]　Holden Karau, Andy Konwinski, Patrick Wendell，等 . Spark 快速大
数据分析 [M]. 王道远，译 . 北京：人民邮电出版社，2015.

第 5 章

Spark 数据挖掘

5.1 MLlib

MLlib 是 Spark 中包含的一个提供常见的机器学习 (ML) 功能的程序库。MLlib 提供了很多种机器学习算法，包括分类、回归、聚类、协同过滤等，还提供了模型评估、数据导入等额外的支持功能。MLlib 还提供了一些更底层的机器学习源语，包括一个通用的梯度下降优化算法。所有这些方法都被设计为可以在集群上轻松伸缩的架构。需要注意的是，MLlib 只能运行能够并行执行的算法。

MLlib 的核心思路是，把数据以 RDD 的形式进行存储，然后在分布式数据集上调用各种算法处理数据。归根结底，MLlib 就是在 RDD 上可供调用的一系列函数的集合。

5.2　GraphX

5.2.1　GraphX 原理

GraphX 是用来操作图，进行图计算的程序库。与 Spark Streaming 和 Spark SQL 类似，GraphX 也扩展了 Spark 的 RDD API，能用来创建一个顶点和边都包含任意属性的有向图。

图的分布式或者并行处理其实是把这张图拆分成很多的子图，然后我们分别对这些子图进行计算，计算的时候可以分别迭代进行分阶段的计算，即对图进行并行计算。

对图的切分有两种，分别是对边进行切分与对顶点进行切分。GraphX 使用的是 Vertex Cut，即对顶点进行切分。这种存储方式的特点是任何一条边只会出现在一台机器上，每个点有可能分布到不同的机器上。当点被分割到不同机器上时，是相同的镜像，但是有一个点作为主点 (master)，其他的点作为虚点 (ghost)，当点的数据发生变化时，先更新点的 master 的数据，然后将所有更新好的数据发送到点的 ghost 所在的所有机器，更新点的 ghost。这样做的好处是在边的存储上没有冗余，而且对于某个点与它的邻居的交互操作，只要满足交换律和结合律，如求邻居权重的和、求点的所有边的条数这样的操作，就可以在不同的机器上并行进行，只要把每个机器上的结果进行汇总就可以了，网络开销也比较小。代价是每个点可能要存储多份，更新点要有数据同步开销。

5.2.2　Table Operator 和 Graph Operator 的区别

　　GraphX 通过引入 Resilient Distributed Property Graph（一种点和边都带属性的有向多图）扩展了 Spark RDD 这种抽象数据结构，这种 Property Graph 拥有 Table 和 Graph 两种视图，而只需要一份物理存储。Table 和 Graph 对比如图 5–1所示。

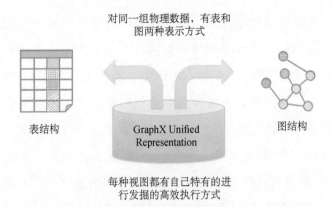

图 5–1　Table 和 Graph 对比

Table 视图将图看成 Vertex Property Table 和 Edge Property

Table 等的组合，这些 Table 继承了 Spark RDD 的 API（Fiter、Map 等）（图 5–2）。

Graph 视图上则包括 reverse/subgraph/mapV（E）/joinV（E）/mrTriplets 等操作。

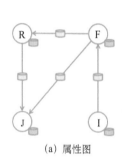

(a)属性图

Id	Property (V)
Rxin	(Stu., Berk.)
Jegonzal	(PstDoc, Berk.)
Franklin	(Prof., Berk.)
Istoica	(Prof., Berk.)

(b)点属性表

SrcId	DstId	Property (E)
rxin	jegonzal	Friend
franklin	rxin	Advisor
istoica	franklin	Coworker
franklin	jegonzal	PI

(c)边属性表

图 5-2　将图视作表的组合

图 5–3 是一个对 Wikipedia 上词项进行统计分析的流程，通过图 5–3 可以看出，在应用中，图与表之间经常需要互相转换。

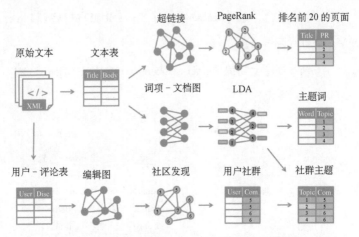

图 5-3　对 Wikipedia 上词项进行统计分析的流程

5.2.3　Vertices、Edges 和 Triplets 介绍

属性图是一个有向多重图，它带有连接到每个顶点和边的用户定义的对象。有向多重图中多个并行（parallel）的边共享相同的源和目的地顶点。支持并行边的能力简化了建模场景，这个场景中，相同的顶点存在多种关系（如 co-worker 和 friend）。每个顶点由一个唯一的 64 位长的标识符（VertexID）作为 key。GraphX 并没有对顶点标识强加任何排序。同样，顶点拥有相应的源和目的顶点标识符。

属性图通过 VertexID（VD）和 Edge（ED）类型实现参数化，这些类型是分别与每个顶点和边相关联的对象的类型。

除了属性图的顶点视图和边视图，GraphX 还包含三元组视图，可以认为它是顶点视图和边视图的结合，同时存储着点和边的关系及二者的属性（图 5–4）。

图 5–4　Vertices、Edges 和 Triplets

5.2.4　GraphX 图构造者

GraphX 提供了几种方式从 RDD 或者磁盘上的顶点和边集合构造图。默认情况下，没有图构造者为图的边重新分区，而是把边保留在默认的分区中（如 HDFS 中它们的原始块）。Graph.groupEdges 需要 Graph 重新分区，因为它假设相同的边将会位于同一个分区，所以必须在调用 groupEdges 之前调用 Graph.partitionBy。

GraphLoader.edgeListFile 提供了一个从磁盘上的边列表中加载一个图的方法。它从指定的边创建一个图，自动地创建边提及的所有定点。所有的定点和边的属性默认都是 1。canonicalOrientation 参数允许重定向正方向 (srcId < dstId) 的边。这在 connected components 算法中需要用到。

minEdgePartitions 参数指定生成边分区的最少数量。

代码清单如下：

```
Object GraphLoader{
    Def edgeListFile(
        sc: SparkContext,
        path: String,
        canonicalOrientation: Boolean = false,
        minEdgePatitions: Int = 1)
    :   Graph[Int, Int]
}
```

在 GraphX 中创建图的方法见如下代码：

```
object Graph{
    def apply[VD, ED](
        Vertices: RDD[(VertexID,VD)],
        Edges: RDD[Edge[ED]],
        DefaultVertexAttr: VD= null)
    :   Graph[VD, ED]
    def fromEdges[VD, ED](
        edges:RDD[Edge[ED]],
        defaultValue: VD)
    :   Graph[VD, ED]
    def fromEdgeTuples[VD](
```

```
      rawEdges: RDD[(VertexID,VertxID)],
      defaultValue: VD,
      uniqueEdges: Option[PartitionStrategy]=None)
  :   Graph[VD,Int]
  }
```

Graph.apply 允许从边和定点的 RDD 集合创建一个 Graph。

Graph.fromEdges 允许仅从边的 RDD 集合创建一个 Graph，它自动创建边中提到的定点，并且赋予默认值。

Graph.fromEdgeTuples 允许仅从一个边元组组成的 RDD 上创建一个图。分配给边的初始值为 1。它自动创建边提及的定点，并分配这些定点默认值。它还支持删除边的操作。要进行删除边的操作，需要传递一个以 PartitionStrategy 为值的 Some 作为 uniqueEdges 参数 [如 uniqueEdges =Some（PartitionStrategy.RandomVertexCut）]。 以上操作需要有对图的划分，以保证删除的边只出现在一个分区内。

5.3 SparkR

5.3.1 SparkR 原理

SparkR 是一个 R 语言包，它提供了轻量级的方式使得可以在 R 语言中使用 Apache Spark。在 Spark 1.6.1 中，SparkR 实现了分布式的 Data Frame，支持类似查询、过滤及聚合的操作（类似于 R 语言中的 Data Frames：dplyr），但是它可以操作大规模的数据集。另外，SparkR 还支持使用 MLlib 进行分布式机器学习。

5.3.2 如何运行 SparkR

（1）SparkR Shell 交互式命令行

SparkR Shell 是一个交互式命令行，用户可以输入 R 代码，进行交互式操作。SparkR 有 2 种模式：Local 模式和YARN-Client 模式。

（2）SparkR Submit 向集群提交任务

通过 SparkR Submit，用户可以把 R 的任务提交到集群上运行。

SparkR Submit 有 3 种模式：Local 模式、YARN-Client 模式 和 YARN-Cluser 模式。其 中 Local 模 式 和 YARN-Client 模式同 SparkR Shell、YARN-Cluser 模式中 Executor 和 Driver 都 运 行 在 YARN 节 点。Local 模 式 和 YARN-Client 模式适合调试，YARN-Cluser 模式适合生产环境。

参考文献

[1]　关于图计算和 GraphX 的一些思考 [EB/OL].[2016-10-25].http://www.tuicool.com/articles/3MjURj.

[2]　第 一 章：Spark+GraphX 初 见 [EB/OL].[2016-10-25].http://book.51cto.com/art/201409/451586.htm.

[3]　第 三 章：Table operator 和 Graph Operator[EB/OL].[2016-10-25].http://book.51cto.com/art/201409/451589.htm.

[4]　基于 Spark 的图计算框架 GraphX 入门介绍 [EB/OL].[2016-10-25].http://www.open-open.com/lib/view/open1420689305781.html.

[5]　图 计 算 入 门：GraphX [EB/OL].[2016-10-26].http//zqhxuyuan.github.io/2016/05/16/Graph-Spark-GraphX/#.

[6]　Hello SparkR[EB/OL].[2016-10-26]. http://marsishandsome.github.io/gen/posts/Spark/Hello_SparkR.html.

[7]　耿嘉安 . 深入理解 Spark: 核心思想与源码分析 [M]. 北京：机械工业出版社，2015.

第 6 章 <<<<<<

Spark Streaming

6.1　Spark Streaming 与 Storm 的区别

　　Storm 也是由 Apache 基金会开源的一个分布式的、容错的实时计算系统，与 Hadoop 相比有着更快的速度；而 Spark Streaming 是 Spark 流式数据处理的框架，相比 Hadoop 在性能上也有很多提升。二者的区别主要有以下几个。

　　①虽然这两个框架都提供可扩展性和容错性，它们根本的区别在于其处理模型。Storm 处理的是每次传入的一个事件，而 Spark Streaming 是处理某个时间段窗口内的事件流。因此，Storm 处理一个事件可以达到秒内的延迟，而 Spark Streaming 则有几秒的延迟。

　　②在容错数据保证方面，Spark Streaming 提供了更好的支持容错计算。在 Storm 中，每个单独的记录通过系统时都会被跟踪，所以 Storm 能够至少保证每个记录将被处理一次，但是在从错误中恢复过来时会出现重复记录，这

表明可变状态可能会被冗余地记录两次。而 Spark Streaming 只需要在批级别进行跟踪处理,因此可以有效地保证每个 mini-batch 只被处理一次。

③如果需要秒内的延迟,Storm 是一个不错的选择,而且不会有数据丢失。如果需要进行有状态(stateful)操作,且要保证每个事件只被处理一次,Spark Streaming 则更好。因为延迟相对较高,所以吞吐量上 Spark Streaming 相对也更大。

④ Storm 由 Clojure 实现,而 Spark Streaming 使用 Scala。

总体来说,Spark Streaming 属于数据并行,而 Storm 属于任务并行,这一理念上的不同导致了两者最根本的区别。

6.2 Kafka 的部署

Kafka 是一款分布式消息发布和订阅系统,具有高性能和高吞吐率。

Kafka 的运行需要 Zookeeper,所以事先需要在系统上安装好 Zookeeper,下载地址如下:https://www.apache.org/dyn/closer.cgi?path=/kafka/0.10.0.0/kafka_2.11-0.10.0.0.tgz。

在准备好了相关环境后,从如下地址下载 Kafka:http://kafka.apache.org/documentation.html#quickstart_

download。

对其进行解压：

tar -xzf kafka_2.11-0.10.0.0.tgz

cd kafka_2.11-0.10.0.0

6.3 Kafka 与 Spark Streaming 的整合

Kafka 与 Spark Streaming 整合的方式主要是使用 Receivers。

（1）引入依赖

对于 Scala 和 Java 项目，可以在 pom.xml 文件引入以下依赖：

```xml
<dependency>
<groupId>org.apache.spark</groupId>
<artifactId>spark-streaming-kafka_2.10</artifactId>
<version>1.3.0</version>
</dependency>
```

如果使用 SBT，可以引入以下依赖：

```
libraryDependencies += "org.apache.spark" % "spark-streaming-
kafka_2.10" % "1.3.0"
```

（2）编程

在 Streaming 程序中，引入 KafkaUtils，并创建一个输入 DStream：

```
import org.apache.spark.streaming.kafka._
val kafkaStream = KafkaUtils.createStream (streaming Context, [ZK
quorum], [consumer group id], [per-topic number of Kafka partitions
to consume])
```

在创建 DStream 时，也可以指定数据的 key 和 value 类型，并指定相应的解码类。

（3）部署

对应任何的 Spark 应用，我们都用 spark-submit 来启动应用程序，对于 Scala 和 Java 用户，如果使用的是 SBT 或者是 Maven，可以将 spark-streaming-kafka_2.10 及其依赖打包进应用程序的 Jar 文件中，并确保 spark-core_2.10 和 spark-streaming_2.10 标记为 provided，因为它们在 Spark 安装包中已经存在：

```
<dependency>
<groupId>org.apache.spark</groupId>
<artifactId>spark-streaming_2.10</artifactId>
```

```
<version>1.3.0</version>
<scope>provided</scope>
</dependency>

<dependency>
<groupId>org.apache.spark</groupId>
<artifactId>spark-core_2.10</artifactId>
<version>1.3.0</version>
<scope>provided</scope>
</dependency>
```

然后使用 spark-submit 来启动应用程序。

6.4　Spark Streaming 原理

6.4.1　Spark 流式处理架构

图 6–1 表示 Spark Streaming 在数据处理流程中的地位。利用各种工具收集到的信息经由 Spark Streaming 处理后得到结果并传送给数据库等应用节点。在其内部，处理流程如图 6–2 所示。

图 6-1　数据处理流程

图 6-2　Spark Streaming 内部处理流程

Spark Streaming 接收实时的输入数据流，然后将这些数据切分为批数据供 Spark 引擎处理，Spark 引擎将数据生成最终的结果数据。

6.4.2　DStream 的特点

DStream 是离散流，是 Spark Streaming 对内部持续的实时数据流的抽象描述，可以是从源中获取的输入流，也可以是输入流通过转换算子生成的处理后的数据流。在内部，DStream 由一系列连续的 RDD 组成。DStream 中的每个 RDD 都包含特定时间间隔内的数据，如图 6-3 所示。

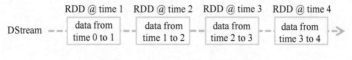

图 6-3　DStream 内部 RDD 组成

6.4.3　Dstream 的操作和 RDD 的区别

任何对 DStream 的操作都转换成了对 DStream 底层 RDD 的操作。如果 lines 是一个 Dstream，对其执行 flatMap 操作，将 lines 转化为命名为 words 的 Dstream 过程（该 Dstream 命名为 words），实际上就是对 lines 底层 RDD 执行 flatMap 操作，并将它们转化为 words 的底层 RDD 的过程，如图 6-4 所示。

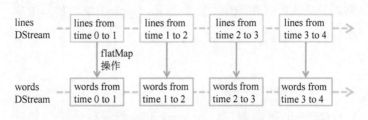

图 6-4　对 lines 进行 flatMap 操作

6.4.4　无状态转换操作与有状态转换操作

无状态转换操作 (Stateless Transformation)，是把简单的 RDD 转化操作应用到每个批次上，即转换 DStream 中的每个 RDD。需要注意的是，这类操作只在各自的区间上进行，而不会整合不同区间之间的数据，如常用的 Map()、flatMap() 等。

有状态转换操作 (Stateful Transformation)，是指跨时间区间的跟踪数据操作，也就是说，之前批次的数据也被用来在新的批次中计算结果。主要的两种类型是滑动窗口和 updateStateByKey()。前者以一个时间阶段为滑动窗口进行操作，后者则用来跟踪每个键的状态变化。

6.4.5　优化 Spark Streaming

Spark Streaming 有一些特殊的调优选项：

①批次和窗口大小。可以调整批次的间隔来选择最好的批次大小。一般来说，500 ms（0.5 s）是一个综合性能比较好的间隔大小。

②并行度。提高并行度可以减少批处理所消耗的时间。一般有如下方式可以调高并行度：增加接收器数目；将收到的数据显式地重新分区；提高聚合计算的并行度。

③垃圾回收和内存使用。打开清除收集器 (Concurrent Mark-Sweep Garbage Collector) 来减少垃圾回收机制引起的不可预测的长暂停。

6.5 Streaming 的容错机制

Spark Streaming 的设计是要求保证 24/7 不间断运行，所以需要强大的容错性保障。

① 检查点机制 (Checkpoint)。检查点机制是 Spark Streaming 中用来保障容错性的主要机制。它的主要目的是：控制失败发生时需要重算的状态数；提供驱动器程序容错。即相当于一个备份，可以随时进行恢复操作。

② 驱动器程序容错。需要用一种特殊的方法创建 StreamingContext，在创建的时候，指定 Checkpoint 目录。

③ 工作节点容错。使用与 Spark 容错机制相同的方法，所有从外部数据源中收到的数据都在多个工作节点上备份。当有工作节点失败时，根据 RDD 谱系图，系统可以把丢失的数据从幸存的输入数据备份中重算出来。

④ 接收器容错。如果接收器节点发生错误，Spark Streaming 会在别的节点上重启失败的接收器。对于来源不同的数据源，Spark Streaming 利用可靠文件系统进行容错设计，保证能够稳定运行。

⑤ 处理保证。由于工作界定的容错保障，Spark Streaming 能保证在执行时，即使有节点发生失败，所有数据都被处理过且只被处理过一次。然而当输出节点发生错误时，需要对特定的系统进行专门的设计，以免一个结果

被输出多次。

6.6　Streaming 在 YARN 模式下的注意事项

① Fault-tolerance，主要是 AM(Application Master) 的容错。

② YARN Security，如果开启了安全机制，令牌等的失效时间也是需要注意的。

③ 日志收集到集群。

④ 资源隔离和优先级。

参考文献

[1]　Storm vs Spark Streaming: Side-by-side comparison[EB/OL].[2016-
　　10-29].http://xinhstechblog.blogspot.com/2014/06/storm-vs-spark-
　　streaming-side-by-side.html.

[2]　Stack Overflow. Apache Spark vs Apache Storm[EB/OL].[2016-10-
　　29].http://stackoverflow.com/questions/24119897/apache-spark-vs-
　　apache-storm/24125900#24125900.

[3]　Spark 实战 , 第 2 部分 : 使用 Kafka 和 Spark Streaming 构建实
　　时 数 据 处 理 系 统 [EB/OL].[2016-10-30].https://www.ibm.com/
　　developerworks/cn/opensource/os-cn-spark-practice2/#close.

[4]　Kafka[EB/OL].[2016-10-30].http://kafka.apache.org/.

[5] Spark Streaming 和 Kafka 整合开发指南 (一)[EB/OL].[2016-10-30].
     http://www.iteblog.com/archives/1322.

[6] Holden Karau，Andy Konwinski，Patrick Wendell， 等 . Spark 快速
     大数据分析 [M]. 王道远，译 . 北京：人民邮电出版社，2015.

[7] 微课堂第 23 期：Spark Streaming 流式计算实战实战 [EB/OL].
     [2016-10-30].http://www.stuq.org/page/detail/660.

第 7 章

Spark 优化

7.1　序列化优化——Kryo

序列化是将对象的状态信息转换成可以存储或传输的数据形式的过程，它在各类程序尤其是分布式应用上会影响程序的性能。一旦采用了较慢序列化的手段，将会严重影响计算的性能。对 Spark 应用来说，序列化一般是需要最先优化调整的。为了兼顾性能和便捷性（与 Java 的通用性），Spark 提供了两种序列化的方式：Java serialization 和 Kryo serialization。其中，前者更灵活易用，但是性能较差。面对更大规模的数据，采用 Kryo 往往可以获得更好的性能。

Kryo 是个高效的 Java 序列化库，它在 Spark 中应用时，不但速度极快，而且产生的结果更为紧凑（通常能提高 10 倍）。Kryo 的缺点是不支持所有类型，为了更好的性能，需要提前定义程序中所使用的类（Class）。

可以在创建 SparkContext 之前，通过调用 System.setProperty("spark.serializer","spark.KryoSerializer")，将序列

化方式切换成 Kryo。Kryo 不能成为默认方式的唯一原因是需要用户进行注册。但是，对于任何"网络密集型"(Network-Intensive) 的应用，都建议采用该方式。

7.2 Spark 参数优化

在 Spark 集群环境下，只有足够高的并行度才能使系统资源得到充分的利用，可以通过修改 spark-env.sh 来调整 Executor 的数量和使用资源，Standalone 和 YARN 方式资源的调度管理是不同的。

（1）在 Standalone 模式下

①每个节点使用的最大内存数：SPARK_WORKER_INSTANCES*SPARK_WORKER_MEMORY。

②每个节点的最大并发 Task 数：SPARK_WORKER_INSTANCES*SPARK_WORKER_CORES。

（2）在 YARN 模式下

①集群 Task 并行度：SPARK_ EXECUTOR_INSTANCES*SPARK_EXECUTOR_CORES。

② 集群内存总量：(Executor 个数) * (SPARK_EXECUTOR_MEMORY+ spark.yarn.executor.memoryOverhead)+(SPARK_DRIVER_MEMORY+spark.yarn.driver.memoryOverhead)。

重点强调：Spark 对 Executor 和 Driver 额外添加堆内存大小，Executor 端：由 spark.yarn.executor.memoryOverhead 设置，默认值 executorMemory * 0.07 与 384 的最大值。Driver 端：由 spark.yarn.driver.memoryOverhead 设置，默认值 driverMemory * 0.07 与 384 的最大值。

通过调整上述参数，可以提高集群并行度，让系统同时执行的任务更多，那么对于相同的任务，并行度高了，可以减少轮询次数。举例说明：如果一个 Stage 有 100 Tasks，并行度为 50，那么执行完这次任务，需要轮询两次才能完成，如果并行度为 100，那么一次就可以了。

但是在资源相同的情况，并行度高了，相应的 Executor 内存就会减少，所以需要根据实际情况协调内存和 CPU core。此外，Spark 能够非常有效地支持短时间任务（如 200 ms），因为会对所有的任务复用 JVM，这样能减小任务启动的消耗，Standalone 模式下，CPU core 可以允许 1～2 倍于物理 core 的数量进行超配。

7.3　Spark 任务的均匀分布策略

调度相关的参数设置有以下几个可以考虑。

① spark.cores.max。一个集群最重要的参数之一，就是 CPU 计算资源的数量。spark.cores.max 这个参数决定了

在 Standalone 和 Mesos 模式下，一个 Spark 应用程序所能申请的 CPU core 的数量。这个参数对 YARN 模式不起作用，YARN 模式下，资源由 YARN 统一调度管理。

② spark.task.cpus。这个参数在字面上的意思就是分配给每个任务的 CPU 的数量，默认为 1。它所发挥的作用，只是在作业调度时，每分配出一个任务时，对已使用的 CPU 资源进行计数。也就是说，只是理论上用来统计资源的使用情况，便于安排调度。

③ spark.locality.wait、spark.locality.wait.process、spark.locality.wait.node 和 spark.locality.wait.rack。这几个参数影响了任务分配时本地性策略的相关细节。在理想的情况下，任务当然是分配在可以从本地读取数据节点上时（同一个 JVM 内部或同一台物理机器内部）的运行性能最佳。但是每个任务的执行速度无法准确估计，所以很难在事先获得全局最优的执行策略。当 Spark 应用得到一个计算资源的时候，如果没有可以满足最佳本地性需求的任务可以运行时，是退而求其次，运行一个本地性条件稍差一点的任务呢，还是继续等待下一个可用的计算资源以期望它能更好地匹配任务的本地性呢？这几个参数一起决定了 Spark 任务调度在得到分配任务时，选择暂时不分配任务，而是等待获得满足进程内部 / 节点内部 / 机架内部不同层次的本地性资源的最长等待时间，默认值为 3000 ms。

7.4 Partition key 倾斜的解决方案

倾斜 (Skew) 问题是分布式大数据计算中的重要问题，很多优化问题都围绕该问题展开。倾斜分为数据倾斜和任务倾斜两种情况，但数据倾斜的结果往往就是任务倾斜。Partition key 倾斜是指在划分阶段数据分布不均匀（一般指分区 key 取得不好或者分区函数设计得不好）。

一般来讲，解决方案如下：

①增大任务数，减少每个分区的数据量。增大任务数，也就是扩大分区量，同时减少单个分区的数据量。

②对特殊 key 进行处理。空值映射为特定 key，然后分发到不同节点，对空值不做处理。

③广播：小数据量表直接广播；数据量较大的表可以考虑切分为多个小表，多阶段进行 Map Side Join。

④聚集操作可以在 Map 端聚集部分结果，然后 Reduce 端合并，减少 Reduce 端压力。

⑤拆分 RDD。将倾斜数据与原数据分离，分两个 Job 进行计算。

7.5 Spark 任务的监控

对于 Spark 这样的大数据应用平台，对任务的监控能够更好、更及时地发现任务中性能的瓶颈、存在的问题，并以此为依据进行有针对性的性能调优。所以对任务的监控是性能调优中重要的一环。

Spark 提供了一些基本的 Web 监控页面，对于日常监控十分有用。

（1）Application Web UI

http://master:4040（默认端口是 4040，可以通过 spark.ui.port 修改）可获得这些信息：

① Stages 和 Tasks 调度情况。

② RDD 大小及内存使用情况。

③系统环境信息。

④正在执行的 Executor 信息。

（2）History Server

当 Spark 应用退出后，仍可以获得历史 Spark 应用的 Stages 和 Tasks 执行信息，便于分析程序不明原因出错的情况。配置方法如下：

① $SPARK_HOME/conf/spark-env.sh

export PARK_HISTORY_OPTS="-Dspark.history.retainedApplications=50

Dspark.history.fs.logDirectory=hdfs://hadoop000:8020/directory"

说明：spark.history.retainedApplications 仅显示最近 50

个应用，spark.history.fs.logDirectory：Spark History Server 页面只展示该路径下的信息。

② $SPARK_HOME/conf/spark-defaults.conf

spark.eventLog.enabled true

spark.eventLog.dir hdfs://hadoop000:8020/directory # 应用在运行过程中所有的信息均记录在该属性指定的路径下。

另外，Spark 还支持使用 Ganglia 等工具进行 CPU 等的监控。

7.6　GC 的优化

如果需要不断更新程序保存 RDD 数据，JVM 内存回收就可能成为问题（通常，如果只需进行一次 RDD 读取然后进行操作是不会带来问题的）。当需要回收旧对象以便为新对象腾出内存空间时，JVM 需要跟踪所有的 Java 对象以确定哪些对象是不再需要的。需要记住的一点是，内存回收的代价与对象的数量正相关。因此，使用对象数量更小的数据结构（如使用 int 数组而不是 LinkedList）能显著降低这种消耗。另外一种更好的方法是采用对象序列化，这样，RDD 的每一部分都会保存为唯一一个对象（一个 byte 数组）。如果内存回收存在问题，在尝试其他方法之前，首先尝试使用序列化缓存。

每项任务（Task）的工作内存及缓存在节点的 RDD 之间会相互影响，这种影响也会带来内存回收问题。下面讨论如何为 RDD 分配空间以便减轻这种影响。

（1）估算内存回收的影响

优化内存回收的第一步是获取一些统计信息，包括内存回收的频率、内存回收耗费的时间等。为了获取这些统计信息，可以把参数 -verbose:gc -XX:+PrintGCDetails -XX:+PrintGCTimeStamps 添加到环境变量 SPARK_JAVA_OPTS。设置完成后，Spark 作业运行时，可以在日志中看到每一次内存回收的信息。注意，这些日志保存在集群的工作节点（Work Nodes）上而不是驱动程序（Driver Program）上。

（2）优化缓存大小

用多大的内存来缓存 RDD，是内存回收的一个非常重要的配置参数。默认情况下，Spark 采用运行内存（spark.executor.memory 或者 SPARK_MEM）的 60% 来进行 RDD 缓存。这表明在任务执行期间，有 40% 的内存可以用来进行对象创建。

如果任务运行速度变慢且 JVM 频繁进行内存回收，或者内存空间不足，那么降低缓存大小设置可以减少内存消耗。为了将缓存大小修改为 50%，可以调用方法 System.setProperty（"spark.storage.memoryFraction","0.5"）。结 合 序列化缓存，使用较小缓存足够解决内存回收的大部分问题。

（3）内存回收高级优化

为了进一步优化内存回收，我们需要了解 JVM 内存管理的一些基本知识。

① Java 堆（Heap）空间分为两部分：新生代和老生代。新生代用于保存生命周期较短的对象；老生代用于保存生命周期较长的对象。

② 新生代进一步划分为三部分：Eden、Survivor1、Survivor2。

③ 内存回收过程的简要描述：如果 Eden 区域已满则在 Eden 执行 minor GC，并将 Eden 和 Survivor1 中仍然活跃的对象拷贝到 Survivor2。然后将 Survivor1 和 Survivor2 对换。如果对象活跃的时间已经足够长或者 Survivor2 区域已满，那么会将对象拷贝到 Old 区域。最终，如果 Old 区域消耗殆尽，则执行 full GC。

Spark 内存回收优化的目标是确保只有长时间存活的 RDD 才保存到老生代区域；同时，新生代区域足够大以保存生命周期比较短的对象。这样，在任务执行期间可以避免执行 full GC。下面是一些可能有用的执行步骤。

① 通过收集 GC 信息检查内存回收是不是过于频繁。如果在任务结束之前执行了很多次 full GC，则表明任务执行的内存空间不足。

②在打印的内存回收信息中，如果老生代接近消耗殆尽，那么减少用于缓存的内存空间。这可以通过属性 spark.storage.memoryFraction 来完成。减少缓存对象以提高执行速度是非常值得的。

③如果有过多的 minor GC 而不是 full GC，那么为 Eden 分配更大的内存是有益的。可以为 Eden 分配大于任务执行所需要的内存空间。如果 Eden 的大小确定为 E，那么可以通过 -Xmn=4/3*E 来设置新生代的大小（将内存扩大到 4/3 是考虑到 Survivor 所需要的空间）。

例如，如果任务从 HDFS 读取数据，那么任务需要的内存空间可以从读取的 Block 数量估算出来。注意，解压后的 Block 通常为解压前的 2 ~ 3 倍。所以，如果需要同时执行 3 个或 4 个任务，Block 的大小为 64 MB，我们可以估算出 Eden 的大小为 4*3*64 MB。

④监控内存回收的频率及消耗的时间并修改相应的参数设置。

经验表明，内存回收优化是否有效取决于程序和内存大小。总体而言，有效控制内存回收的频率非常有助于降低额外开销。

7.7　Spark Streaming 吞吐量优化

为了 Spark Streaming 应用程序能够在集群中稳定运行，系统的处理速度应该大于或等于接收数据的速度，这可以通过流的网络 UI 观察得到。批处理时间应该小于批间隔时间。

根据流计算的性质，批间隔时间可显著影响数据处理速率，这个速率可以通过应用程序维持。例如，WordCountNetwork 对于一个特定的数据处理速率，系统可能每 2 s 打印一次单词计数（批间隔时间为 2 s），但无法每 500 ms 打印一次单词计数。所以，为了在生产环境中维持期望的数据处理速率，就应该设置合适的批间隔时间（即批数据的容量）。

找出正确的批容量的一个好的办法是用一个保守的批间隔时间（5 ～ 10 s）和低数据速率来测试应用程序。为了验证系统是否能满足数据处理速率，可以通过检查端到端的延迟值来判断（可以在 Spark 驱动程序的 log4j 日志中查看"Totaldelay"或者利用 StreamingListener 接口）。如果延迟维持稳定，那么系统是稳定的。如果延迟持续增长，那么系统无法跟上数据处理速率，是不稳定的。接下来可以考虑尝试增加数据处理速率或者减少批容量来做进一步的测试。注意，如果出现瞬间的数据处理速度增加导致延迟瞬间增长，只要延迟能重新回到低值（小于批容量），就可以认为是正常现象，属于稳定状态。

7.8 Spark RDD 使用内存的优化策略

内存优化有 3 个方面的考虑：对象所占用的内存、访问对象的消耗及垃圾回收所占用的开销。

（1）对象所占内存，优化数据结构

Spark 默认使用 Java 序列化对象，虽然 Java 对象的访问速度更快，但其占用的空间通常比其内部的属性数据大 2 ～ 5 倍。为了减少内存的使用，减少 Java 序列化后的额外开销，下面列举一些 Spark 官网（http://spark.apache.org/docs/latest/tuning.html#tuning-data-structures）提供的方法。

①使用对象数组及原始类型（Primitive Type）数组以替代 Java 或者 Scala 集合类（Collection Class）。Fastutil 库为原始数据类型提供了非常方便的集合类，且兼容 Java 标准类库。

②尽可能地避免采用含有指针的嵌套数据结构来保存小对象。

③考虑采用数字 ID 或者枚举类型以便替代 String 类型的主键。

④如果内存少于 32 GB，设置 JVM 参数 -XX:+Use CompressedOops 以便将 8 字节指针修改成 4 字节。与此

同时，在 Java 7 或者更高版本，设置 JVM 参数 -XX:+UseCompressedStrings 以便采用 8 比特来编码每一个 ASCII 字符。

（2）内存回收

默认情况下，Spark 采用运行内存（spark.executor.memory）的 60% 来进行 RDD 缓存。这表明在任务执行期间，有 40% 的内存可以用来进行对象创建。如果任务运行速度变慢且 JVM 频繁进行内存回收，或者内存空间不足，那么降低缓存大小设置可以减少内存消耗，可以降低 spark.storage.memoryFraction 的大小。

（3）垃圾回收

垃圾回收的情况见 7.6 节。

参考文献

[1]　浅谈 Spark Kryo serialization[EB/OL].[2016-11-01].http://www.cnblogs.com/ tovin/p/3833985.html.

[2]　Spark. Tuning Spark[EB/OL]. [2016-11-02].http://spark.apache.org/docs/latest/tuning.html#tuning-spark.

[3]　schedule调度相关[EB/OL].[2016-11-02].http://spark-config.readthedocs.io/en/latest/scheduler.html.

[4]　Spark 性能调优 [EB/OL].[2016-11-03].http://www.csdn.net/article/2015-07-08/2825160.

第 8 章 <<<<<<

SQL on Spark

8.1 BDAS 数据分析软件栈

BDAS（Berkeley Data Analytics Stack） 是 一 个 由 AMPLab 构建的用于处理大数据的开源软件栈，这个软件栈 以 Apache Spark 为核心。

软件栈包含的内容如图 8–1 所示。

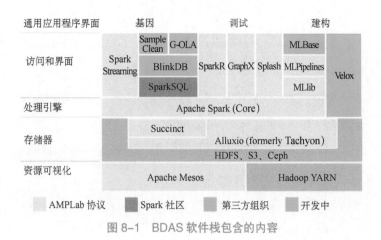

图 8–1　BDAS 软件栈包含的内容

在整个技术栈中，最下层是资源管理层：AMPLab 主导开发的 Mesos 和 Hadoop 社区的 YARN。

在资源管理层上面是存储层，包括了 HDFS、S3、Ceph 等技术，也都广为所知，AMPLab 在 BDAS 上也都是用这些分布式文件系统来解决存储问题。但是基于分布式文件系统，AMPLab 则做了分布式内存系统 Alluxio（以前叫作 Tachyon）。关于 Alluxio，国内的大数据技术从业者都已经有了很好的了解，百度用 Alluxio 取得了非常不错的性能提升，TalkingData 也在进行测试，期望不久的将来能够在技术栈中使用。Succinct 是 AMPLab 对于压缩的数据进行高效检索的一套开源的解决方案，基本的出发点是用压缩的后缀树 (Compressed Suffix Array) 来存储数据，以达到高效的压缩存储和检索效率。

处理引擎就是 Spark Core，这是 Apache 基金会推出的大数据处理平台，相比 Hadoop 在性能上有了较大提升。

访问和接口层中，Spark SQL 是 Spark 社区这两年关注的重点，相关的技术资料也很多，DataFrame、DataSet 的相关概念也逐渐深入人心。Spark Streaming 作为流式数据处理平台，能够在准实时场景下提供相应服务，可以实现对延迟要求不高的交互式操作。

SampleClean 配合 AMPCrowd 是进行数据清洗的开源套件；SparkR 支持在 Spark 上运行 R 语言，进行统计分析等工作；GraphX 则是在 Spark 上的图算法包，在图计算越发重要的今天将会有更多的应用；Splash 是在 Spark 上的一个对随机学习算法进行并行的一个并行计算框架，支持 SGD、SDCA 等。

Velox 是 AMPLab 正在开发的支持实时个性化预测的一套模型系统， Michael Franklin 对 Velox 做了重点介绍，可见 AMPLab 非常重视它，从源代码的描述看，它支持实时个性化预测，与 Spark 和 KeystoneML 做了集成，并且支持离线批处理和在线的模型训练。

KeystoneML 是 AMPLab 为了简化构造机器学习流水线而开发的一套系统，仍在开发过程中。通过 KeystoneML，可以方便地定义机器学习算法的流程，并且方便地在 Spark 上进行并行化处理。MLlib 是 Spark 上的机器学习算法库，很多公司已经在用 MLlib 在 Spark 上进行各种机器学习算法的实践了。

8.2　Spark SQL 工具

Spark SQL 工具如图 8-2 所示。

Catalyst 是 Spark SQL 中的一套函数式关系、可扩展的查询优化框架。传统上认为查询优化器是关系型数据库最为复杂的核心组件。在 Catalyst 的帮助下，Spark SQL 的开

发者们只需编写极为精简直观的申明式代码即可实现各种
复杂的查询优化策略，从而大大降低了 Spark SQL 查询优
化器的开发复杂度，也加快了项目整体的迭代速度。

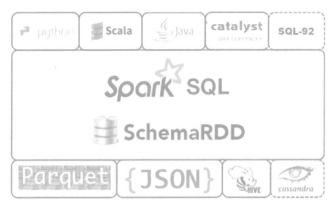

图 8-2　Spark SQL 工具

Hive 是基于 Hadoop 的一个数据仓库工具，可以将结
构化的数据文件映射为一张数据库表，并提供简单的 SQL
查询功能，可以将 SQL 语句转换为 MapReduce 任务运行。
其优点是学习成本低，可以通过类 SQL 语句快速实现简单
的 MapReduce 统计。

Parquet：Apache Parquet 是一种用于 Hadoop 的列式二
进制文件格式。此格式对于大规模查询非常高效，是为充
分利用以列的方式存储的压缩数据而创建的。尽管 Hadoop

在大量数据长期运行的查询上提供了很好的性能，但它具有很高的 I/O 负载。像 Parquet 这样的列式存储格式减少了执行查询所需的 I/O 操作，从而提高了性能。

另外，Spark 还支持 JSON 等格式的数据。

8.3　Spark SQL 原理

Spark SQL 的核心是 SchemaRDD。SchemaRDD 由行对象组成，行对象拥有一个模式（Scheme）来描述行中每一列的数据类型。SchemaRDD 与关系型数据库中的表很相似。可以通过存在的 RDD、一个 Parquet 文件、一个 JSON 数据库或者对存储在 Apache Hive 中的数据执行 Hive SQL 查询中创建。把已有的 RDD，带上 Schema 信息，然后注册成类似 SQL 里的"Table"，对其进行 SQL 查询。这里面主要分两部分，一是生成 SchemaRDD，二是执行查询。

具体来说，生成 SchemaRDD 的部分如下。

通过查询 SQLContext 的源码，可以看出 SQLContext 由以下部分组成。

① Catalog：字典表，用于注册表，对表缓存，以便查询。

② DDLParser：用于解析 DDL 语句，如创建表。

③ SparkSQLParser：作为 SqlParser 的代理，处理一些 SQL 中的通用关键字。

④ SqlParser：用于解析 Select 查询语句。

⑤ Analyzer：对还未分析的逻辑执行计划（LogicalPlan）进行分析。

⑥ Optimizer：对已经分析过的逻辑执行计划进行优化。

⑦ SparkPlanner：用于将逻辑执行计划转化为物理执行计划。

⑧ prepareForExecution：用于将物理执行计划转化为可执行物理计划。

这些部分的具体执行步骤如下。

① SQL 语句经过 SqlParser 解析成 Unresolved LogicalPlan。

② 使用 Analyzer 结合数据字典进行绑定，生成 Resolved LogicalPlan。

③ 使用 Optimizer 对 Resolved LogicalPlan 进行优化，生成 Optimized LogicalPlan。

④ 使用 SparkPlan 将 LogicalPlan 转换成 PhysicalPlan。

⑤ 使用 prepareForExecution 将 PhysicalPlan 转换成可执行物理计划。

⑥ 使用 excute() 执行可执行物理计划，生成 SchemaRDD。

总体上是"分析—优化—转换—执行"的过程。

8.4 Spark SQL 编程

Spark SQL 的 Java 版简单示例如下。

① Spark SQL 直接查询 JSON 格式的数据。

② Spark SQL 的自定义函数。

③ Spark SQL 查询 Hive 上面的表。

```
import java.util.ArrayList;
import java.util.List;


import org.apache.spark.SparkConf;
import org.apache.spark.api.java.JavaRDD;
import org.apache.spark.api.java.JavaSparkContext;
import org.apache.spark.api.java.function.Function;
import org.apache.spark.sql.api.java.DataType;
import org.apache.spark.sql.api.java.JavaSQLContext;
import org.apache.spark.sql.api.java.JavaSchemaRDD;
import org.apache.spark.sql.api.java.Row;
import org.apache.spark.sql.api.java.UDF1;
import org.apache.spark.sql.hive.api.java.JavaHiveContext;


/**
* 注意:
* 使用 JavaHiveContext 时
```

```
* 1. 需要在 Classpath 下面增加 3 个配置文件：hive-site.
xml,core-site.xml,hdfs-site.xml
 * 2. 需要增加 PostgreSQL 或 MySQL 驱动包的依赖
 * 3. 需要增加 hive-jdbc,hive-exec 的依赖
 *
 */
public class SimpleDemo {
    public static void main(String[] args) {
        SparkConf conf = new SparkConf().setAppName ("simpledemo").
setMaster("local");
        JavaSparkContext sc = new JavaSparkContext(conf);

        JavaSQLContext sqlCtx = new JavaSQLContext(sc);

        JavaHiveContext hiveCtx = new JavaHiveContext(sc);

            testQueryJson(sqlCtx);

            testUDF(sc, sqlCtx);

        testHive(hiveCtx);

        sc.stop();

        sc.close();

    }


    // 测试 Spark SQL 直接查询 JSON 格式的数据
    public static void testQueryJson(JavaSQLContext sqlCtx) {
```

```java
        JavaSchemaRDD rdd = sqlCtx.jsonFile("file:///D:/tmp/tmp/
json.txt");
        rdd.printSchema();


        // Register the input Schema RDD
        rdd.registerTempTable("account");


        JavaSchemaRDD accs = sqlCtx.sql("SELECT address,
email,id,name FROM account ORDER BY id LIMIT 10");
        List<Row> result = accs.collect();
        for (Row row : result) {
            System.out.println(row.getString(0) + "," + row.getString(1)
+","+ row.getInt(2) +"," + row.getString(3));
        }


        JavaRDD<String> names = accs.map(new Function<Row,
String>() {
            @Override
            public String call(Row row) throws Exception {
                return row.getString(3);
            }
        });
        System.out.println(names.collect());

    }
```

```
// 测试 Spark SQL 的自定义函数
public static void testUDF(JavaSparkContext sc, JavaSQLContext
sqlCtx) {
    // Create a account and turn it into a Schema RDD
    ArrayList<AccountBean> accList = new ArrayList <Account
Bean>();
    accList.add(new AccountBean(1, "lily","lily@163.com", "gz
tianhe"));
    JavaRDD<AccountBean> accRDD = sc.parallelize(accList);

    JavaSchemaRDD rdd = sqlCtx.applySchema(accRDD,
AccountBean.class);

    rdd.registerTempTable("acc");

    // 编写自定义函数 UDF
    sqlCtx.registerFunction("strlength", new UDF1<String,
Integer>() {
        @Override
        public Integer call(String str) throws Exception {
            return str.length();
        }
    }, DataType.IntegerType);
```

```
    // 数据查询
    List<Row> result = sqlCtx.sql("SELECT strlength
('name'),name,address FROM acc LIMIT 10").collect();
        for (Row row : result) {
            System.out.println(row.getInt(0) + "," + row.getString(1) +
"," + row.getString(2));
        }
    }


    // 测试 Spark SQL 查询 Hive 上面的表
    public static void testHive(JavaHiveContext hiveCtx) {
        List<Row> result = hiveCtx.sql("SELECT foo,bar,name from
pokes2 limit 10").collect();
        for (Row row : result) {
            System.out.println(row.getString(0) + "," + row.getString(1)
+ "," + row.getString(2));
        }
    }
}
```

参考文献

[1] AMPlab/software[EB/OL]. [2016-11-11]. https://amplab.cs.berkeley.edu/software/.

[2]　开源中国社区. 说一说 BDAS 大数据分析栈 [EB/OL].[2016-11-11].
http://www.oschina.net/question/2360202_2163562?fromerr=AgQZ5
n0Y.

[3]　Spark SQL，DataFrames and Datasets Guide [EB/OL].[2016-11-11].
http://spark.apache.org/docs/latest/sql-programming-guide.html.

[4]　Spark SQL 深度理解篇：模块实现、代码结构及执行流程总
览 [EB/OL].[2016-11-11]. http://www.csdn.net/article/2014-07-15/
2820658/2.

[5]　耿嘉安. 深入理解 Spark：核心思想与源码分析 [M]. 北京：机械
工业出版社，2016.

[6]　spark sql 简单示例 [EB/OL].[2016-11-11].https://yq.aliyun.com/articles/
43547.